Sitzungsberichte der Heidelberger Akademie der Wissenschaften
Mathematisch-naturwissenschaftliche Klasse
Jahrgang 1983, 2. Abhandlung

Friedrich Cramer

„Denn nur also beschränkt war je das Vollkommene möglich..."

Eine wissenschaftstheoretische Interpretation
von Goethes Gedicht „Metamorphose der Tiere"

Vorgelegt in der Sitzung vom 29. Januar 1983

Springer-Verlag
Berlin Heidelberg New York Tokyo
1983

Professor Dr. rer. nat. Friedrich Cramer
MPI für Experimentelle Medizin
Abteilung Chemie
Hermann-Rein-Straße 3
3400 Göttingen

ISBN-13: 978-3-540-12401-6   e-ISBN-13: 978-3-642-46479-9
DOI: 10.1007/978-3-642-46479-9

Das Werk ist urheberrechtlich geschützt. Die dadurch begründeten Rechte, insbesondere die der Übersetzung, des Nachdruckes, der Entnahme von Abbildungen, der Funksendung, der Wiedergabe auf photomechanischem oder ähnlichem Wege und der Speicherung in Datenverarbeitungsanlagen bleiben, auch bei nur auszugsweiser Verwertung, vorbehalten.
Die Vergütungsansprüche des § 54, Abs. 2 UrhG werden durch die „Verwertungsgesellschaft Wort", München, wahrgenommen.

© Springer-Verlag Berlin Heidelberg 1983

Die Wiedergabe von Gebrauchsnamen, Warenbezeichnungen usw. in diesem Werk berechtigt auch ohne besondere Kennzeichnung nicht zu der Annahme, daß solche Namen im Sinne der Warenzeichen- und Markenschutz-Gesetzgebung als frei zu betrachten wären und daher von jedermann benutzt werden dürften.
Satz: K + V Fotosatz GmbH, Beerfelden
2125/3140-543210

Einleitung: „Öffnet den freien Blick ins weite Feld der Natur"

Im Jahre 1784 entstand GOETHEs berühmte Schrift über den Zwischenkieferknochen (os intermaxillare). Seit dieser Zeit hat sich GOETHE in erster Linie als Naturforscher gesehen, ganz besonders in den Dezennien zwischen 1790 und 1810, die relativ arm an literarisch-poetischer Produktion sind. Das Gedicht „Metamorphose der Tiere" ist höchstwahrscheinlich auf das Jahr 1799 zu datieren, obwohl erst 1820 veröffentlicht. Es hat fragmentarischen Charakter und war gedacht als Teil eines großen epischen Naturgedichtes nach dem Vorbild des LUKREZ. Dieses wurde jedoch nie vollendet. Im Januar 1799 erhielt GOETHE von KNEBEL dessen LUKREZ-Übersetzung. Die „Metamorphose der Tiere" ist, wie das antike Vorbild, in Hexametern geschrieben, einer Versform, deren GOETHE sich selten und nach dieser Zeit überhaupt nicht mehr bedient hat.

Das Gedicht wird häufig im Zusammenhang mit dem in der Ausgabe ‚Letzter Hand' ihm zugeordneten Gedicht „Metamorphose der Pflanzen" gesehen, das im Juli 1798 fertiggestellt wurde. Die „Metamorphose der Pflanzen" unterscheidet sich aber nicht nur in der Versform sondern im ganzen Tenor wesentlich von dem Fragment „Metamorphose der Tiere". Jenes ist lehrhafter, volkstümlicher, weit weniger wissenschaftlich, ja man fühlt sich versucht anzunehmen, GOETHE habe dem schlichten Gemüte der CHRISTIANE seine Gedanken über Botanik nahebringen wollen. Ganz und gar nicht so im vorliegenden Gedicht: Es werden schwierige Zusammenhänge angesprochen, ja Entwicklungen der Naturwissenschaft visionär vorweggenommen:

„Wagt ihr, also bereitet, die letzte Stufe zu steigen Dieses Gipfels, so reicht mir die Hand und öffnet den freien Blick ins weite Feld der Natur." ... [1]

Was veranlaßt den Naturforscher unserer Tage, über dieses Gedicht nachzudenken? Es ist ein Gedicht über die Vollkommenheit durch Beschränkung, über den Kompromiß zwischen steriler Perfektion und drohendem Chaos, diese schmale Gratwanderung zwischen Ordnung und Unordnung, die das Leben darstellt. Biochemie und Physiologie wissen heutzutage wesentlich mehr über Mechanismen des Lebendigen als GOETHE vor 180 Jahren. Aber das Grundkonzept von „beweglicher Ordnung" ist geblieben, ja die moderne Wissenschaft arbeitet es immer deutlicher heraus.

„Gemeßnes Bedürfnis und ungemessene Gaben" – hat Goethe Darwin vorweggenommen?

Die Polarität des Lebendigen wird gleich zu Anfang des Gedichtes angesprochen.

„ ...: *denn zwiefach bestimmte Sie* (das ist die Natur) *das höchste Gesetz, beschränkte jegliches Leben Gab ihm gemeßnes Bedürfnis und ungemessene Gaben."*

Das höchste Gesetz besteht also in dem Zusammenwirken von begrenzten Ressourcen und einer schier unbegrenzten Fähigkeit, diese zu nutzen und zu metabolisieren. Und dann gibt Goethe einige Beispiele für die Harmonie der Natur, die sich daraus ergibt.

„Also bestimmt die Gestalt die Lebensweise des Tieres, Und die Weise, zu leben, sie wirkt auf alle Gestalten Mächtig zurück. So zeiget sich fest die geordnete Bildung, Welche zum Wechsel sich neigt durch äußerlich wirkende Wesen. Doch im Innern befindet die Kraft der edlern Geschöpfe Sich im heiligen Kreise lebendiger Bildung beschlossen. Diese Grenzen erweitert kein Gott, es ehrt die Natur sie: Denn nur also beschränkt war je das Vollkommene möglich."

Das klingt nun tatsächlich wie Darwinismus, und es soll die Frage untersucht werden, ob Goethe als ein Vorläufer Darwins angesehen werden muß, ja ob er dessen Ideen vorweggenommen hat.

Die Morphologie und vergleichende Anatomie von Pflanzen und Tieren war Ende des 18. Jahrhunderts eine aufblühende, ja sensationelle Wissenschaft, ähnlich wie vielleicht heute die Genetik. Notwendigerweise mußten dem Naturforscher Zusammenhänge und Entwicklungslinien vor Augen treten. So auch für Goethe. Auf diesen beruft sich Darwin ausdrücklich und mehrfach in seiner Entstehung der Arten [2]. Darwin zitiert Goethe mit einem Gedanken unseres Gedichtes, nämlich, daß „Die Natur gezwungen ist, auf der einen Seite sparsam zu sein, um auf der andern geben zu können." [3]. Doch der entscheidende Durchbruch, die wissenschaftliche Revolution im Sinne von Thomas Kuhn [4], besteht bei Darwin in der Hereinnahme der Zeitskala darin, daß er nunmehr der Natur einen historischen Ablauf zudiktiert. Das ist ein ungeheurer Sprung, ein Paradigmenwechsel, den wir heute Lebenden, die wir mit dem Darwinismus aufgewachsen sind, gar nicht mehr zu ermessen vermögen. Dies ist die eigentliche wissenschaftliche Leistung von Darwin und hierfür hat Goethe freilich Material geliefert, ohne diesen Aspekt auch nur im geringsten in Betracht gezogen zu haben.

„Zweck sein selbst ist jegliches Tier, vollkommen entspringt es Aus dem Schoß der Natur ..."

Am Ende seines Werkes gibt Darwin in nüchternen Worten umfassende Prognosen, die den historischen Aspekt seiner Naturgeschichte belegen. Bis dahin war Geschichte ausschließlich Geschichte des Menschen. „Die anderen, allgemeineren Zweige der Naturgeschichte werden bedeutend an Interesse gewinnen. Die von den Naturforschern gebrauchten Begriffe Verwandtschaft, Einheit der Grundform, Elternschaft, Morphologie ... usw. werden aufhören, bildlich zu sein, und volle Bedeutung erlangen." Verwandtschaft und Morphologie waren GOETHEs Themen, aber bildlich im Sinne einer statischen Phänomenologie. „Unsere Klassifikation wird soweit wie möglich eine genealogische werden und dann in Wahrheit einen wirklichen sogenannten ‚Schöpfungsplan' darstellen" [5]. „In einer fernen Zukunft sehe ich ein weites Feld für noch bedeutsamere Forschungen. ...: daß jedes geistige Vermögen und jede Fähigkeit nur allmählich und stufenweise erlangt werden kann. Licht wird auch fallen auf den Menschen und seine Geschichte." [6]. Dies sind wahrhaftig weitgehende Erklärungsansprüche einer positivistischen Naturwissenschaft, die einen Historizismus begründen halfen bzw. stützten, der heute als weitgehend widerlegt gelten kann [7]. Hier hat DARWIN die Gültigkeitsgrenzen seiner eigenen Theorie überschritten.

Die Grenzen, die kein Gott erweitert

Ich möchte jetzt auf einige eigene Arbeiten eingehen, die mit den Grenzen, den Randbedingungen des Lebendigen, zu tun haben. Wir können die Entstehung des Lebens heute im wesentlichen in mathematisierter, d. h. physikalischgesetzmäßiger Form verstehen und beschreiben [8]. Danach entfalten sich (evolvieren) hochkomplexe Strukturen zu immer höheren, stärker differenzierten, besser angepaßten Formen. Das Genom, die Erbeigenschaften, die DNS wird in der Zeit verändert, die Arten haben ihre Geschichte. Dieser Vorgang, selbstverständlich naturgesetzlich verlaufend, ist wegen seiner Komplexität nicht prognostizierbar, er enthält indeterministische Elemente, Verzweigungsstellen, Fulgurationspunkte [9]. Prognostizierbarkeit ist kein Kriterium für Wissenschaftlichkeit mehr. Die Situation beginnt sich – ursprünglich ausgehend von der Quantenphysik – in den Naturwissenschaften ganz allgemein zu verändern. Wir stoßen hier an eine Grenze in der Beschreibung des Lebendigen, die in Analogie zu setzen ist zur Heisenbergschen Unschärfe-Relation in der Beschreibung der Elementarpartikel. PRIGOGINE schreibt dazu [10]: „Den Vorstellungen der klassischen Physik lag die Überzeugung zugrunde, daß die Zukunft durch die Gegenwart determiniert sei und man daher durch ein sorgfältiges Studium der Gegenwart die Zukunft enthüllen könne. Das war natürlich nie mehr als eine theoretische Möglichkeit. Dennoch war diese unbegrenzte Vorhersagbarkeit in einem gewissen Sinne ein wesentliches Element des wissenschaftlichen Bildes von der physikalischen Welt. Man könnte sie vielleicht als den grundlegenden Mythos der klassischen Wissenschaft bezeichnen."

Dieser Abschied von der Prognostizierbarkeit der physikalischen Ereignisse nun auch in der makroskopischen Welt heißt natürlich nicht, daß die Wissenschaft hier am Ende wäre, daß man jetzt anfangen müsse, „ ... das Unerforschliche ruhig zu verehren". Das heißt nicht mehr und nicht weniger, als daß man vom „Mythos der Prognostizierbarkeit" Abschied nehmen muß, daß die Newtonische Denkweise der generellen Linearisierbarkeit von Differentialgleichungen für die heute von der Wissenschaft behandelten fundamental-komplexen Systeme eine unzulässige Vereinfachung darstellt. Zur Beschreibung derartiger Systeme benötigt man eine neue Transformationstheorie, etwa die „Bäcker-Transformation" [11].

Der Evolutionsstammbaum ist nur mit einer solchen Theorie beschreibbar, die unvorhersagbare Verzweigungspunkte enthält. Ähnliches wird sicher für die dynamische Funktion des Zentralnervensystems als eines Systems hierarchisch hintereinandergeschalteter Entscheidungsprozesse mit Rückkopplung gelten. Hier sind erste theoretische Ansätze gemacht worden [12]. Komplexität des Lebendigen stellt eine Begrenzung unserer Wissensmöglichkeiten dar: Nicht, daß wir etwa nicht viele Einzelheiten der Nucleinsäuren und Proteine beschreiben könnten: Das Zusammenwirken dieser Komponenten in Subsystemen und höheren Organisationen stellt ein nicht-prognostizierbares Netzwerksystem dar, für das der Charakter der Fundamentalen Komplexität gilt [9].

„Dieser schöne Begriff von Macht und Schranken, von Willkür Und Gesetz, von Freiheit und Maß, von beweglicher Ordnung, Vorzug und Mangel erfreue dich hoch! ..."

Man erinnert sich an Monods „Zufall und Notwendigkeit" [13], und Monod meint auch das gleiche, nämlich, daß das Zusammenspiel von Willkür und Gesetz eine Fähigkeit zur Ordnungsbildung, zur Evolution, zur Ausprägung neuer Formen hervorbringt, die uns in unsere Schranken verweist.

Goethe ist „hoch erfreut". In unserer skeptizistischen modernen Wissenschaft wird es dem Forscher kaum mehr zugestanden, daß er sich „hoch erfreut", die Begriffe sind physikalisiert und die Zwecke eliminiert. Unsere „objektive Wissenschaft" wird aber auf die Dauer nur fortbestehen können, wenn sie sich auch ihrer objektiven Grenzen bewußt ist, wenn sie also die axiomatischen Setzungen, die überhaupt erst Wissenschaft ermöglichen, nicht vergißt oder verdrängt.

Eine zweite Begrenzung, „die kein Gott erweitert", die durch die Gültigkeit der physikalischen Gesetze gegeben ist, bezieht sich auf den Phänotyp, also auf das Individuum. Die Information für die Ausprägung des jeweiligen Individuums ist in den Erbanlagen niedergelegt, nach dem „Kommando" der Nucleinsäuren werden die Eiweißstoffe (Proteine) synthetisiert. Offensichtlich muß die Qualität des Individuums, sein Funktionieren in Metabolismus und Verhalten, von der Qualität der Reproduktion des Genotyps in den Phänotyp abhängen. Mit anderen Worten: Die Information der Gene muß möglichst genau in die Struktur des Organismus übersetzt werden.

Hier sind klare physikalische Grenzen gesetzt. Proteine sind Makromoleküle von bis zu 1000 Aminosäuren Kettenlänge. Das Funktionieren eines Proteins im

Organismus, z. B. als Glucose abbauendes Enzym oder als Hormon in der Bauchspeicheldrüse, hängt von der absoluten Richtigkeit des synthetisierten Proteins ab: Ein falsches Glied in der Kette von 1000 macht den Phänotyp unbrauchbar. Das heißt, die Natur muß bei der Synthese dieser höchst komplizierten Moleküle mit einer Präzision von weit besser als 1000:1 arbeiten. Wenn 99% der Eiweißstoffe richtig sein sollen, was eine vernünftige Forderung darstellt, dann muß ihre Synthese mit einer Genauigkeit von 100000:1 verlaufen. Falsche Proteine können sich in der Zelle akkumulieren und verschiedene Zellfunktionen verstopfen. Die Zelle ist eine sich selbst reproduzierende Maschine, ein Fließband, welches seine eigenen Werkzeugmaschinen herstellt. Wenn diese Werkzeugmaschinen fehlerhaft produziert werden, wird die Produktion der Fließbänder schlechter werden; durch noch schlechtere Werkzeugmaschinen werden die Fließbänder schließlich in einen Tiefstand geraten und dann ganz zum Erliegen kommen. Das nennt man eine Rückkoppelungs-Katastrophe. Es gibt eine Theorie, wonach das Altern eines Organismus auf dieser Fehlerkatastrophe beruht [14]. Danach wäre das zugemessene Alter eines Organismus bedingt durch die physikalisch notwendige Fehlerrate der Zellmaschine, durch die grundsätzliche Unmöglichkeit, in einem physikalischen Prozeß zwischen sehr ähnlichen Aminosäuren immer zutreffend zu unterscheiden [15].

Wir haben nun durch ein Auseinandernehmen der komplizierten Zellmaschinerie die einzelnen Fehlerraten im Einbau von Aminosäuren tatsächlich messen können. Durch eine raffinierte Strategie der Zelle, durch nachträgliches „Korrekturlesen", wird die Präzision des Einbaus der Aminosäuren auf fast 1000000:1 gesteigert, eine Genauigkeit, die es normalen Zellen ermöglicht, einige Jahre oder Jahrzehnte zu leben [16]. Man kann hier – wohl erstmalig – eine physikalische Grenze für die Lebensdauer einer metabolisierenden Zelle definieren, eine Grenze, „die kein Gott erweitert".

Objektives und teleologisches Denken

Zweifellos ist GOETHEs Denken in bezug auf die Natur teleologisch: Es wäre für ihn ganz undenkbar, sich eine Natur ohne All-Seele, ohne eine Wertskala mit dem Menschen als höchstem Geschöpf vorzustellen.

„Freue dich, höchstes Geschöpf, der Natur! Du fühlest dich fähig, Ihr den höchsten Gedanken, zu dem sie schaffend sich aufschwang, Nachzudenken...."

Die Verwissenschaftlichung des modernen Denkens besteht in einer schrittweisen Ent-Teleologisierung unseres Denkens, wie R. Löw sehr genau aufzeigt [17]. Der Darwinismus hat die Biologie zu einer objektiven Wissenschaft gemacht und die Teleologie aus ihr vertrieben. Und er hat gleichzeitig den Menschen als höchstes Geschöpf abgesetzt und zu einem Glied in einer beliebigen Reihe gemacht.

Ist GOETHE als Wissenschaftler damit überholt? Den Darwinismus objektiv anzuzweifeln, ist freilich nicht möglich. Man kann aber wohl darüber nachdenken, ob das Leben als integriertes Phänomen einer wissenschaftlichen Behandlung durch unsere objektiven Wissenschaften erschöpfend zugänglich ist. Der Darwinismus ist eine umfassende und unwiderlegbare Naturtheorie. Warum ist er unwiderlegbar? Weil DARWIN keine Fakten, keine physikalischen oder mathematischen Gesetze abgeleitet hat, nicht etwa ein Rätsel eindeutig gelöst hat (WITTGENSTEIN: „Für ein Rätsel gibt es immer eine Lösung.") sondern weil DARWIN ein neues Paradigma aufgestellt hat, das nicht abgeleitet und damit auch nicht bewiesen werden kann und braucht.

Mit den Alltagsproblemen der „rätsellösenden Forschung" beschäftigt, vergessen wir allzu leicht und bereitwillig den axiomatischen Charakter unserer Wissenschaft. Wie überraschend, wie blitzartig die neue Theorie in ihrer Zeit einschlug, wie sie schlagartig einen wichtigen Aspekt erhellte, zeigen zwei zeitlich nahe beieinanderliegende Äußerungen Rudolf VIRCHOWS, eines wahrhaft nicht leicht zu beeinflussenden Naturforschers und selbständigen Denkers, vor und nach Erscheinen der „Entstehung der Arten", nämlich 1856: „Der Artenwandel ist eine unbewiesene Idee der Naturphilosophie; der wahre Naturforscher betrachtet sie mit Skeptizismus". Und 1877: „Etwas überraschend war, wie das Genie eines einzelnen Mannes eine Idee, die schon in der Naturphilosophie den Status einer a priori-Notwendigkeit hatte, und lange, und nicht ganz ungerechtfertigt verbannt gewesen war, nicht nur wieder eingesetzt hat, sondern aus ihr die Basis einer allgemeinen Theorie der Geschichte der organischen Welt gemacht hat" [18]. Die Frage ist eben, welcher Begriff von Leben vor Augen steht und wie umfassend das Leben durch den Darwinismus beschrieben wird. Es ist sicher nicht der Goethesche Begriff von Leben und auch nicht der Begriff, den wir mit „Lebensgefühl" beschreiben. Und so sagt HALDANE, ein durchaus materialistisch denkender Biologie: „Die Teleologie ist für den Biologen wie eine Mätresse: Er kann nicht ohne sie leben, aber er will nicht mir ihr in der Öffentlichkeit gesehen werden" [19]. Leben ist eben nicht nur „die Daseinsweise der Eiweißkörper" [20].

Lassen sich wissenschaftliche Resultate poetisch darstellen?

Eine dichterische Betrachtungsweise wissenschaftlicher Resultate wird heute mit Skepsis betrachtet, in einer Zeit, in der „The two cultures" sich auseinander entwickelt haben und wenig voneinander Kenntnis nehmen. Das wahr nicht immer so: Die Lehrgedichte des LUKREZ wurden schon erwähnt. Albrecht VON HALLER, der Schweizer Arzt und Dichter und erste Inhaber des Lehrstuhl für Botanik in Göttingen, ist ein weiteres Beispiel. In diese Tradition reiht sich unser Gedicht ein. Eine poetische Verarbeitung eines naturwissenschaftlichen Stoffes erscheint dann möglich, wenn ein übergreifendes, integrierendes Theorem Gegenstand der Betrachtung ist. Dies ist bei unserem Gedicht durchaus der Fall, denn GOETHE be-

„Denn nur also beschränkt war je das Vollkommene möglich ..."

handelt das Problem der Vielfalt der Arten, welches dann schließlich zum DARWINschen Paradigma geführt hat. Am 20. 6. 1831 sagt er zu ECKERMANN: „Wenn nun ein höherer Mensch über das geheime Wirken und Walten der Natur eine Ahnung und Einsicht gewinnt, so reicht seine ihm überlieferte Sprache nicht hin, um ein solches von menschlichen Dingen durchaus Fernliegendes auszudrücken. Es müßte ihm die Sprache der Geister zu Gebote stehen ...". Die Sprache der Geister — jedenfalls ist das nicht die formalisierte Sprache der Wissenschaft sondern schon eher die der Poesie. Und die Nahtstellen der Wissenschaft, an denen Paradigmenwechsel stattfinden, sind solche, an denen Einsichten viel eher durch Ahnung als durch Ableitung und Beweise gewonnen werden.

Auch in unseren Tagen geschehen Paradigmenwechsel, wenn auch weniger von der Öffentlichkeit bemerkt, als das bei DARWINs Theorem der Fall war. Das GÖDELsche Theorem ist eine solche Nahtstelle und ich biete ENZENSBERGERs poetische Darstellung dafür an:

>Hommage à Gödel [21]
>
>Münchhausens Theorem, Pferd, Sumpf und Schopf,
>ist bezaubernd, aber vergiß nicht:
>Münchhausen war ein Lügner.
>
>Gödels Theorem wirkt auf den ersten Blick
>etwas unscheinbar, doch bedenk:
>Gödel hat recht.
>
>„In jedem genügend reichhaltigen System
>lassen sich Sätze formulieren,
>die innerhalb des Systems
>weder beweis- noch widerlegbar sind,
>es sei denn das System
>wäre selber inkonsistent."
>
>Du kannst deine eigene Sprache
>in deiner eigenen Sprache beschreiben:
>aber nicht ganz.
>Du kannst dein eignes Gehirn
>mit deinem eignen Gehirn erforschen:
>aber nicht ganz.
>Usw.
>
>Um sich zu rechtfertigen
>muß jedes denkbare System
>sich transzendieren,
>d. h. zerstören.

„Genügend reichhaltig" oder nicht:
Widerspruchsfreiheit
ist eine Mangelerscheinung
oder ein Widerspruch.

Jeder denkbare Reiter,
also auch Münchhausen,
also auch du bist ein Subsystem
eines genügend reichhaltigen Sumpfes.

Und ein Subsystem dieses Subsystems
ist der eigene Schopf,
dieses Hebezeug
für Reformisten und Lügner.

In jedem genügend reichhaltigen System,
also auch in diesem Sumpf hier,
lassen sich Sätze formulieren,
die innerhalb des Systems
weder beweis- noch widerlegbar sind.

Diese Sätze nimm in die Hand
und zieh!

Über die Dichotomie der Wahrnehmungs-Physiologie, das Subjekt-Objekt-Problem stelle ich das folgende Gedicht vor [22]:

Innen — außen

Warum bewegt sich der See
zerfasert und blaugrau
im Filigran von Eichenzweigen?
Im Wind springt Licht
vom hellen Horizont
durch schwarze Waldränder
in mich.

Wer sitzt hinter dem Auge?
Wer versammelt die ganze
ungeheure plastische Landschaft,
ihre Farben, Formen und Farne
ihre fossile Vorgeschichte
ihre Verführungen
gerade in mir?

Warum in diesem Hinterkopf
voller Formeln, Daten, Zahlen?

Wilde Schwäne wassern langhalsig
ohne Bordcomputer,
bilden Bugwellen,
gelungene Interferenzmuster:
Lust der Physik.

Schluß: Daß Du schauest, nicht schwärmst

GOETHE hat seine Rolle als Naturforscher wichtig genommen und sich immer wieder über das mangelnde Echo seiner naturwissenschaftlichen Schriften bei seinen Zeitgenossen beklagt, besonders eindrucksvoll z. B. in seinem Dornburger Brief an ZELTER [23]. Sein Pech (in den Augen eines heutigen positivistischen Wissenschaftlers) war eben, daß er mehr war als ein Naturforscher. Er wäre um keinen Preis bereit gewesen, seine Gesamtschau der Welt zugunsten einer objektivistischen Detailbeschreibung physikalischer und biologischer Phänomene aufzugeben. Vielleicht beruht der Wert der wissenschaftlichen Studien GOETHEs für seine Persönlichkeit und auch für sein dichterisches Werk weniger auf den Ergebnissen, etwa im Sinne des folgenden NIETZSCHE-Zitates: „Der Wert davon, daß man zeitweilig eine strenge Wissenschaft streng betrieben hat, beruht nicht gerade in deren Ergebnissen: denn diese werden im Verhältnis zum Meere des Wissenswerten ein verschwindend kleiner Tropfen sein. Aber es ergibt einen Zuwachs an Energie, an Schlußvermögen, an Zähigkeit der Ausdauer; man hat gelernt, einen Zweck zweckmäßig zu erreichen. Insofern ist es sehr schätzbar, in Hinsicht auf alles, was man später treibt, einmal ein wissenschaftlicher Mensch gewesen zu sein." [24]. Die wissenschaftliche Betätigung hat GOETHE vor dem „Schwärmen" bewahrt. Vielleicht verdanken wir GOETHEs produktive Disziplin, die ungeheure Arbeitsintensität, die besonders in seinem Alterswerk noch deutlicher werdende Präzision des Ausdrucks auch seiner Beschäftigung mit naturwissenschaftlichen Objekten. Dies, aber nicht nur dies, wäre ein positiver Beitrag der Goetheschen Naturforschung.

„Hier stehe nun still und wende die Blicke Rückwärts, prüfe, vergleiche und nimm vom Munde der Muse, Daß du schauest, nicht schwärmst, die liebliche volle Gewißheit."

Literatur

1. Hier und im folgenden zitiert nach „Goethes Werke, Hamburger Ausgabe", hrsg. v. E. Trunz, Christian Wegner Verlag, Hamburg, 3. Aufl. 1956, Bd. 1, S. 201–203.
2. C. Darwin, „Die Entstehung der Arten", Ausg. Phillip Reclam jr., Stuttgart 1886 (ursprüngl. Escheinungsjahr 1858).
3. C. Darwin, l.c., S. 205.
4. Th. Kuhn, „Die Struktur wissenschaftlicher Revolutionen", Suhrkamp Taschenbuch Wissenschaft Nr. 25, Frankfurt/M. 1973.
5. C. Darwin, l.c., S. 674.
6. C. Darwin, l.c., S. 676.
7. K. Popper, „Das Elend des Historizismus", J. C. B. Mohr, Tübingen 1975, 4. Aufl.
8. M. Eigen, P. Schuster, "The Hypercycle", Springer Verlag, Heidelberg/New York 1979.
9. F. Cramer, "Fundamental Complexity. A Concept in Biological Sciences and Beyond", Interdisciplinary Science Reviews 4, 132 (1979).
10. A. Prigogine, „Vom Sein zum Werden – Zeit und Komplexität in den Naturwissenschaften", Piper Verlag, München 1979, S. 221.
11. A. Prigogine, l.c., S. 224ff., F. Cramer, l.c. [9].
12. A. J. Mendell, P. V. Russo, S. Knapp, "Strange Stability in Hierarchically Coupled Neuropsychobiological Systems" in 'Evolution of Order and Chaos' (H. Haken ed.), Springer Verlag, Heidelberg 1982, S. 270–286.
13. J. Monod, „Zufall und Notwendigkeit – Philosophische Fragen der modernen Biologie", Piper Verlag, München 1971.
14. L. Orgel, "The Maintenance of the Accuracy of Protein Synthesis and its Relevance to Ageing", Proc. Natl. Acad. Sci. USA 49, 517 (1963).
15. F. Cramer, "Is Ageing a Biochemical Problem?" in 'Science and Scientists', Japanese Scientific Societies Press, Tokyo 1981, S. 147–152. Vgl. auch Jahrbuch der Heidelberger Akademie der Wissenschaften 1981, S. 117.
16. F. von der Haar, H.-J. Gabius, F. Cramer, „Aminoacyl-tRNA-Synthetasen als Zielenzyme für eine rationale Arzneimittelentwicklung", Angew. Chem. 93, 250–256 (1981).
17. R. Spaemann, R. Löw, „Die Frage Wozu? Geschichte und Wiederentdeckung des teleologischen Denkens", Piper Verlag, München 1981.
18. zitiert nach R. Spaemann, R. Löw, l.c., S. 214.
19. zitiert nach R. Spaemann, R. Löw, l.c., S. 218.
20. F. Engels, „Herrn Dührings Umwälzung der Wissenschaft", Verlag Marxistische Blätter, Frankfurt/M. 1971, S. 69.
21. H. M. Enzensberger, „Gedichte (1955–1970)", Suhrkamp Taschenbuch 4, 1972.
22. F. Cramer, unveröffentlicht.
23. vgl. Albrecht Schöne, „Regenbogen auf schwarzgrauem Grunde", Vandenhoeck u. Ruprecht, Göttingen 1979.
24. F. Nietzsche, „Menschliches, Allzumenschliches", Band I, S. 603 (256), Hanser Verlag München.

Metamorphose der Tiere

Wagt ihr, also bereitet, die letzte Stufe zu steigen
Dieses Gipfels, so reicht mir die Hand und öffnet den freien
Blick ins weite Feld der Natur. Sie spendet die reichen
Lebensgaben umher, die Göttin; aber empfindet
Keine Sorge wie sterbliche Fraun um ihrer Gebornen
Sichere Nahrung; ihr ziemet es nicht: denn zwiefach bestimmte
Sie das höchste Gesetz, beschränkte jegliches Leben,
Gab Ihm gemeßnes Bedürfnis, und ungemessene Gaben,
Leicht zu finden, streute sie aus, und ruhig begünstigt
Sie das muntre Bemühn der vielfach bedürftigen Kinder;
Unerzogen schwärmen sie fort nach ihrer Bestimmung.

Zweck sein selbst ist jegliches Tier, vollkommen entspringt es
Aus dem Schoß der Natur und zeugt vollkommene Kinder.
Alle Glieder bilden sich aus nach ew'gen Gesetzen,
Und die seltenste Form bewahrt im geheimen das Urbild.
So ist jeglicher Mund geschickt, die Speise zu fassen,
Welche dem Körper gebührt; es sei nun schwächlich und zahnlos
Oder mächtig der Kiefer gezahnt, in jeglichem Falle
Fördert ein schicklich Organ den übrigen Gliedern die Nahrung.
Auch bewegt sich jeglicher Fuß, der lange, der kurze,
Ganz harmonisch zum Sinne des Tieres und seinem Bedürfnis.
So ist jedem der Kinder die volle reine Gesundheit
Von der Mutter bestimmt: denn alle lebendigen Glieder
Widersprechen sich nie und wirken alle zum Leben.
Also bestimmt die Gestalt die Lebensweise des Tieres,
Und die Weise, zu leben, sie wirkt auf alle Gestalten
Mächtig zurück. So zeiget sich fest die geordnete Bildung,
Welche zum Wechsel sich neigt durch äußerlich wirkende Wesen.
Doch im Innern befindet die Kraft der edlern Geschöpfe
Sich im heiligen Kreise lebendiger Bildung beschlossen.
Diese Grenzen erweitert kein Gott, es ehrt die Natur sie:
Denn nur also beschränkt war je das Vollkommene möglich.

Doch im Inneren scheint ein Geist gewaltig zu ringen,
Wie er durchbräche den Kreis, Willkür zu schaffen den Formen
Wie dem Wollen; doch was er beginnt, beginnt er vergebens.
Denn zwar drängt er sich vor zu diesen Gliedern, zu jenen,
Stattet mächtig sie aus, jedoch schon darben dagegen
Andere Glieder, die Last des Übergewichtes vernichtet
Alle Schöne der Form und alle reine Bewegung.
Siehst du also dem einen Geschöpf besonderen Vorzug

Irgend gegönnt, so frage nur gleich: wo leidet es etwa
Mangel anderswo? und suche mit forschendem Geiste;
Finden wirst du sogleich zu aller Bildung den Schlüssel.
Denn so kat kein Tier, dem sämtliche Zähne den obern
Kiefer umzäunen, ein Horn auf seiner Stirne getragen,
Und daher ist den Löwen gehörnt der ewigen Mutter
Ganz unmöglich zu bilden, und böte sie alle Gewalt auf;
Denn sie hat nicht Masse genug, die Reihen der Zähne
Völlig zu pflanzen und auch Geweih und Hörner zu treiben.

Dieser schöne Begriff von Macht und Schranken, von Willkür
Und Gesetz, von Freiheit und Maß, von beweglicher Ordnung,
Vorzug und Mangel erfreue dich hoch! Die heilige Muse
Bringt harmonisch ihn dir, mit sanftem Zwange belehrend.
Keinen höhern Begriff erringt der sittliche Denker,
Keinen der tätige Mann, der dichtende Künstler; der Herrscher,
Der verdient, es zu sein, erfreut nur durch ihn sich der Krone.
Freue dich, höchstes Geschöpf, der Natur! Du fühlest dich fähig,
Ihr den höchsten Gedanken, zu dem sie schaffend sich aufschwang,
Nachzudenken. Hier stehe nun still und wende die Blicke
Rückwärts, prüfe, vergleiche und nimm vom Munde der Muse,
Daß du schauest, nicht schwärmst, die liebliche volle Gewißheit.

Sitzungsberichte der Heidelberger Akademie der Wissenschaften
Mathematisch-naturwissenschaftliche Klasse

Die Jahrgänge bis 1921 einschließlich erschienen im Verlag von Carl Winter, Universitätsbuchhandlung in Heidelberg, die Jahrgänge 1922–1933 im Verlag Walter de Gruyter & Co. in Berlin, die Jahrgänge 1934–1944 bei der Weißschen Universitätsbuchhandlung in Heidelberg. 1945, 1946 und 1947 sind keine Sitzungsberichte erschienen.
Ab Jahrgang 1948 erscheinen die „Sitzungsberichte" im Springer-Verlag.

Inhalt des Jahrgangs 1969/70:
1. N. Creutzburg und J. Papastamatiou. Die Ethia-Serie des südlichen Mittelkreta und ihre Ophiolithvorkommen. Antiquarisch. Preis auf Anfrage.
2. E. Jammers, M. Bielitz, I. Bender und W. Ebenhöh. Das Heidelberger Programm für die elektronische Datenverarbeitung in der musikwissenschaftlichen Byzantinistik. Antiquarisch. Preis auf Anfrage.
3. M. Knebusch. Grothendieck- und Wittringe von nichtausgearteten symmetrischen Bilinearformen. (vergriffen).
4. W. Rauh und K. Dittmar. Weitere Untersuchungen an Didiereaceen. 3. Teil. Antiquarisch. Preis auf Anfrage.
5. P. J. Beger. Über „Gurkörperchen" der menschlichen Lunge. Antiquarisch. Preis auf Anfrage.

Inhalt des Jahrgangs 1971:
1. E. Letterer. Morphologische Äquivalentbilder immunologischer Vorgänge im Organismus. (vergriffen).
2. J. Herzog und E. Kunz. Die Wertehalbgruppe eines lokalen Rings der Dimension 1. (vergriffen).
3. W. Maier. Aus dem Gebiet der Funktionalgleichungen. Antiquarisch. Preis auf Anfrage.
4. H. Hepp und H. Jensen. Klassische Feldtheorie der polarisierten Kathodenstrahlung und ihre Quantelung. Antiquarisch. Preis auf Anfrage.
5. H. Koppe und H. Jensen. Das Prinzip von d'Alembert in der Klassischen Mechanik und in der Quantentheorie. (vergriffen).
6. W. Doerr. Wandlungen der Krankheitsforschung. (vergriffen).
7. K. Hoppe. Über die spektrale Zerlegung der algebraischen Formen auf der Graßmann-Mannigfaltigkeit. Antiquarisch. Preis auf Anfrage.

Inhalt des Jahrgangs 1972:
1. W. H. H. Petersson. Über Thetareihen zu großen Untergruppen der rationalen Modulgruppe. (vergriffen).
2. W. Doerr. Pathologie der Coronargefäße. Anthropologische Aspekte. (vergriffen).
3. H. Bippes. Experimentelle Untersuchung des laminar-turbulenten Umschlags an einer parallel angeströmten konkaven Wand. Antiquarisch. Preis auf Anfrage.
4. K. Goerttler. Stimme und Sprache. Antiquarisch. Preis auf Anfrage.
5. B. L. van der Waerden. Die „Ägypter" und die „Chaldäer". (vergriffen).

Inhalt des Jahrgangs 1973:
1. V. Becker. Form, Gestalt und Plastizität. (vergriffen).
2. H. Neunhöffer. Über die analytische Fortsetzung von Poincaréreihen. (vergriffen).
3. F. W. Rieben. Zur Orthologie und Pathologie der Arteria vertebralis. Antiquarisch. Preis auf Anfrage.
4. W. Doerr. Über die Bedeutung der pathologischen Anatomie für die Gastroenterologie. (vergriffen).
V. H. Bauer. Das Antonius-Feuer in Kunst und Medizin. Supplement zum Jahrgang 1973. DM 68,–.

Sitzungsberichte der Heidelberger Akademie der Wissenschaften
Mathematisch-naturwissenschaftliche Klasse
Erschienene Jahrgänge

Inhalt des Jahrgangs 1974:
1. H. Seifert. Minimalflächen von vorgegebener topologischer Gestalt. DM 12,-.
2. A. Dinghas. Zur Differentialgeometrie der klassischen Fundamentalbereiche. DM 20,80.
3. Th. Nemetschek. Biosynthese und Alterung von Kollagen. DM 19,50.
4. W. Doerr, W.-W. Höpker und J. A. Rossner. Neues und Kritisches vom und zum Herzinfarkt. (vergriffen).
   W. W. Höpker. Spätfolgen extremer Lebensverhältnisse. Supplement zum Jahrgang 1974. (vergriffen).

Inhalt des Jahrgangs 1975:
1. M. Ratzenhofer. Molekularpathologie. DM 32,-.
2. E. Kauker. Vorkommen und Verbreitung der Tollwut in Europa von 1966-1974. DM 19,-.
3. H. E. Bock. Die Bedeutung von Konstellation und Kondition für ärztliches Handeln. DM 16,-.
4. G. Schettler. Neue Ergebnisse der klinischen Fettstoffwechselforschung. (vergriffen).
   V. Becker und H. Schmidt. Die Entdeckungsgeschichte der Trichinen und der Trichinosis. Supplement zum Jahrgang 1975. DM 28,-.

Inhalt des Jahrgangs 1976:
1. W. Bersch und W. Doerr. Reitende Gefäße des Herzens. Homologiebegriff und Reihenbildung. DM 38,-.
2. H. Schipperges. Arabische Medizin im lateinischen Mittelalter. DM 68,-.
3. M. Steinhausen and G. A. Tanner. Microcirculation and Tubular Urine Flow in the Mammalian Kidney Cortex (in vivo Microscopy). (vergriffen).
4. C. J. Hackett. Diagnostic Criteria of Syphilis, Yaws and Treponarid (Treponematoses) and of Some Other Diseases in Dry Bones (for Use in Osteo-Archaeology). (vergriffen).
5. W. Doerr, J. A. Roßner, R. Dittgen, P. Rieger, H. Derks und G. Berg. Cardiomyopathie, idiopathische und erworbene, Formen und Ursachen. DM 50,-.
   H. Hamperl. Robert Rössle in seinem letzten Lebensjahrzehnt (1946-1956). Supplement 1. DM 32,-.
   W.-W. Höpker. Obduktionsgut des Pathologischen Institutes der Universität Heidelberg 1841-1972. Supplement 2. DM 58,-.

Inhalt des Jahrgangs 1977:
1. H. Schaefer. Kind - Familie - Gesellschaft. DM 28,80.
2. F. Gross. Homo Pharmaceuticus. (vergriffen).
3. G. Döhnert. Über lymphoepitheliale Geschwülste. (vergriffen).
4. W. Doerr und J. A. Roßner. Toxische Arzneiwirkungen am Herzmuskel. (vergriffen).
5. H. Riedl und T. Nemetschek. Molekularstruktur und mechanisches Verhalten von Kollagen. DM 28,-.
   W.-W. Höpker. Das Problem der Diagnose und ihre operationale Darstellung in der Medizin. Supplement 1. (vergriffen)
   H. A. Gathmann und R. D. Meyer. Der Kleeblattschädel. Ein Beitrag zur Morphogenese. Supplement 2. DM 48,-.

Inhalt des Jahrgangs 1978:
1. H. W. Doerr. Beiträge zur Epi   Modell der humanen Herpesviren. DM 59,8(
2. H. J. Jusatz (Hrsg.). Beiträge zur Encephalitis. DM 34,-.
3. H. Neunhöffer. Über Kronecker-   ?, IR). DM 49,80.
4. H. Meineke. Mathematische Theorie der relativen Koordination und der Gangarten von Wirbeltieren. DM 49,80.
5. F. Linder. Der Stand der chirurgischen Therapie in der modernen Krebsbehandlung. DM 22,-.
6. H. Schildknecht. Über die Chemie der Sinnpflanze *Mimosa pudica L.* DM 48,-.

GPSR Compliance

The European Union's (EU) General Product Safety Regulation (GPSR) is a set of rules that requires consumer products to be safe and our obligations to ensure this.

If you have any concerns about our products, you can contact us on

ProductSafety@springernature.com

In case Publisher is established outside the EU, the EU authorized representative is:

Springer Nature Customer Service Center GmbH
Europaplatz 3
69115 Heidelberg, Germany

www.ingramcontent.com/pod-product-compliance
Ingram Content Group UK Ltd.
Pitfield, Milton Keynes, MK11 3LW, UK
UKHW051252180426
11947UKWH00020B/1670